# Entwurf eines Gesetzes
## über das Verfahren
### in
# Unterſuchungsſachen
### mit
# Geſchwornen-Gerichten.
## Nebſt den Motiven.

Der Preußiſchen National-Verſammlung

eingereicht

durch die Abgeordneten:

v. Kirchmann. Kämpf. Schulze (Delitzſch). Koehler. Riel. Bucher. Heiſig. Heyne. Blieſner. Teske. Wolff. Witt. Roetſcher. Par. Maager. Phillips. Dr. Kunz. Teichmann. Schoene. Müller (Zell). Burckhardt. Siebert. Jorn. Krauſe. Heſſe (Saarbrücken). Jentzſch. Pankow. v. Bruchhauſen. Loos. Johſt. Gottl. Repell. Uhlich. Hildenhagen. Toebe. Moritz. Duncker. Maaß. Conditt. Parriſius. Schulze (Schwetz). Feyerabend. Neethe. Haaſe. Bothmer. Schmidt (Czarnikau). Koſch. Ballnus. Knauth. Scheden. v. Puttkammer. Schadebrodt. Riemann. Schwieger. Wachsmuth. v. Wangenheim. Dielitz. v. Unruh. Steimmig. Friedrich. Frieſe. Lüdicke. Wegener. Thüm. Stalling. Mann. Mewes. Bauer. Köſling. Bauer (Krotoſchin). Hanſen. Ulrich (Anclam).

---

Springer-Verlag Berlin Heidelberg GmbH

1848

ISBN 978-3-662-33611-3       ISBN 978-3-662-34009-7 (eBook)
DOI 10.1007/978-3-662-34009-7

Um die Einführung eines auf Mündlichkeit, Oeffentlichkeit und Geschworne beruhenden Untersuchungsverfahrens nicht bis zur difinitiven Organisation der gerichtlichen Behörden auszusetzen, wird für die ganze Monarchie mit Ausnahme des Bezirks des Appellationsgerichts zu Cöln verordnet, was folgt:

## Titel I.
## Allgemeine Bestimmungen.

### §. 1.

Den Untergerichten, welche nur aus einem oder zwei Richtern bestehen, steht die Untersuchung und Entscheidung der Vergehen zu. Vergehen sind die strafbaren Handlungen, welche in den Gesetzen mit Geldbuße bis **50 Thlr.**, oder mit Freiheitsstrafe bis sechs Wochen, oder mit Ehrenstrafen, oder mit mehreren dieser Strafen zugleich bedroht sind.

Ausgeschlossen von der Kompetenz der Einzelrichter bleiben jedoch die Fälle, in welchen entweder zugleich auf den Verlust eines Amtes, Titels, einer Würde oder des Rechts zum selbstständigen Gewerbebetrieb zu erkennen ist, oder in welchen die Verurtheilung für den Verbrecher den Verlust der Gerichtsbarkeit, des Patronats oder Bürgerrechts nach den gesetzlichen Bestimmungen unbedingt zur Folge hat. Die Untersuchung und Bestrafung der Polizeivergehen verbleibt den bisherigen Behörden.

### §. 2.

Haben diese Gerichte bisher eine ausgedehntere Gerichtsbarkeit in Untersuchungssachen ausgeübt, so geht diese auf das für ihren Bezirk bestehende, oder nächste kollegialische Untergericht über.

Der Justiz-Minister hat diese Gerichte zu bestimmen und bekannt zu machen.

### §. 3.

Den Untergerichten, welche aus mindestens drei, aber weniger als sechs Richtern bestehen, steht die Untersuchung und Entscheidung

der Vergehen, welche von der Kompetenz der Gerichte (§. 1.) ausgeschlossen sind, und der Verbrechen zu. Verbrechen sind
1) die strafbaren Handlungen, welche in den Gesetzen mit
    Geldbuße, deren höchstes Maaß 50 Thlr. übersteigt,
        oder
    Freiheitsstrafe, deren höchstes Maaß sechs Wochen, jedoch nicht drei Jahre übersteigt,
  oder mit diesen beiden Strafen zugleich bedroht sind, auch wenn sie noch außerdem den Verlust von Ehren= oder anderen Rechten gesetzlich zur Folge haben;
2) der zweite und dritte große gemeine oder unter erschwerenden Umständen begangene und der erste gewaltsame Diebstahl.

Für die Vergehen des §. 1. ihres Bezirks üben sie die Gerichtsbarkeit durch ein dazu beauftragtes Mitglied aus.

### §. 4.

Haben diese Gerichte bisher eine ausgedehntere Gerichtsbarkeit ausgeübt, so geht diese auf das nächste Gericht mit mindestens sechs Richtern über. Der Justiz=Minister hat diese Gerichte zu bestimmen und bekannt zu machen.

### §. 5.

Den Untergerichten, welche aus mindestens sechs Richtern bestehen, steht die Untersuchung und Entscheidung aller schweren Verbrechen und aller durch die Presse verübten Vergehen und Verbrechen zu, soweit sie nicht blos mit den §. 6. des Gesetzes vom 17. März 1848 angeordneten Geldbußen zu belegen sind.

Schwere Verbrechen sind
1) alle Amtsverbrechen,
2) alle Verbrechen, welche von der Kompetenz der Gerichte des §. 3. ausgeschlossen sind. Für die Verbrechen des §. 3. ihres Bezirks üben sie die Gerichtsbarkeit durch eine Deputation von drei Richtern aus, für die Vergehen des §. 1. durch einen damit beauftragten Richter.

Sind in dem Bezirk eines Obergerichts keine oder zu wenige Gerichte dieser Art vorhanden, so ist der Justiz=Minister befugt, einzelnen Gerichten des §. 3. die Kompetenz des §. 5. zu übertragen, was bekannt zu machen ist. Die erforderliche Zahl der Richter für die mündlichen Verhandlungen wird durch den Hinzutritt benachbarter Richter erfüllt, welche das Obergericht alljährlich hiezu bestimmt.

### §. 6.

Die Bestimmungen §. 1—5. gelten auch für Patrimonialgerichte, so lange sie noch nicht aufgehoben sind, und ihnen bisher Kriminalgerichtsbarkeit zugestanden hat.

### §. 7.

Sollten für den Bezirk des Hofgerichts zu Greifswald und des Justizsenats zu Ehrenbreitenstein die Bestimmungen des §. 1., 3., 5. nicht ausreichen, um die Kompetenz sicher abzugrenzen, so hat der Justiz-Minister nähere Bestimmungen hierüber für diese Landestheile nach Anhörung der genannten Obergerichte zu treffen.

### §. 8.

Bei jedem kollegialischen Untergericht soll ein Staats-Anwalt bestellt werden, dessen Amt es ist, bei allen vor dieses Gericht gehörenden Verbrechen und Vergehen die Ermittelung der Thäter herbeizuführen, und diese vor Gericht zu verfolgen.

### §. 9.

Erfordert es die Größe des Gerichts, so sind dem Staats-Anwalt Gehülfen beizuordnen, die unter seiner Aufsicht stehen und seinen Anweisungen Folge leisten müssen, überall aber, wo sie für ihn auftreten, zu allen Funktionen desselben berechtigt sind; auch kann ein Staats-Anwalt für mehrere Gerichte bestellt werden. In jedem Obergerichtsbezirk ist der Staats-Anwalt eines der größten Untergerichte zum Ober-Staats-Anwalt zu bestellen.

### §. 10.

Die Staats-Anwalte und ihre Gehülfen sind aus der Zahl der zum höhern Richter-Amt befähigten Beamten zu bestellen. Sie gehören nicht zu den richterlichen Beamten. Sie sind in ihrer Amtsführung nicht der Aufsicht der Gerichte, sondern zunächst der des Ober-Staats-Anwalts und demnächst mit diesem, der des Justiz-Ministers unterworfen, und müssen deren Anweisungen befolgen.

### §. 11.

Die Ernennung der Ober-Staats-Anwalte erfolgt durch den König. Die Gehülfen werden den Staats-Anwalten vom Justiz-Minister beigeordnet und können von demselben aus dieser Stellung zu jeder Zeit wieder abberufen werden. Der Justiz-Minister ist ermächtigt, Mitglieder der Gerichte mit den Geschäften des Ober-Staats-Anwalts und Staats-Anwalts provisorisch zu beauftragen. Dieselben scheiden für diese Zeit aus allen richterlichen Geschäften in Untersuchungssachen aus.

### §. 12.

Die Geschäfte des Staats-Anwalts bei der Untersuchung der Vergehen des §. 1. werden von Gemeinde- und Polizei-Beamten verwaltet, welche der Regierungs-Präsident kommissarisch hiezu ernennt. Beschwerden über ihre Amtsführung gehören vor den Ober-Staats-Anwalt und Justiz-Minister.

### §. 13.

Die Polizei-Behörden und deren Beamten bleiben, wie bisher, verpflichtet, den Verbrechen jeder Art nachzuforschen und alle keinen Aufschub gestattenden vorbereitenden Anordnungen zur Aufklärung der Sache und Festmachung des Thäters zu treffen. Sie haben aber die von ihnen aufgenommenen Verhandlungen dem betreffenden Staats-Anwalte zur weiteren Veranlassung zu übersenden, auch den Requisitionen desselben wegen Einleitung oder Vervollständigung solcher polizeilichen Voruntersuchungen, oder wegen Verfolgung oder Verhaftung verdächtiger Personen, Folge zu leisten.

### §. 14.

Die Gerichte sollen bei Einleitung und Führung der Untersuchungen nicht ferner von Amts wegen, sondern nur auf Antrag des Staats-Anwalts einschreiten; sie sind aber verpflichtet, von allen amtlich zu ihrer Kenntniß kommenden Verbrechen dem Staats-Anwalte sogleich Mittheilung zu machen, auch den von demselben an sie gerichteten Anträgen wegen Feststellung des Thatbestandes und wegen sonst erforderlicher Ermittelungen zu genügen und zu deren Erledigung, wenn es nöthig ist, einen Untersuchungs-Richter zu ernennen.

Waltet Gefahr im Verzuge ob, so hat das Gericht auch ohne Antrag des Staats-Anwalts alle diejenigen Ermittelungen, Verhaftungen oder Anordnungen vorzunehmen, welche nothwendig sind, um die Verdunkelungen der Sache zu verhüten. Die Verhandlungen hierüber sind aber demnächst dem Staats-Anwalte mitzutheilen.

### §. 15.

Dem Staats Anwalt legt sein Amt die Pflicht auf, darüber zu wachen, daß bei dem Strafverfahren den gesetzlichen Vorschriften überall genügt werde. Er hat daher nicht blos darauf zu achten, daß kein Schuldiger der Strafe entgehe, sondern auch darauf, daß Niemand schuldlos verfolgt werde.

### §. 16.

Untersuchungs-Verhandlungen, Verhaftungen oder Beschlagnahmen hat der Staats-Anwalt nicht selbst vorzunehmen, sondern solche nach den Umständen entweder bei der Polizei-Behörde oder bei dem betreffenden Gerichte zu beantragen; er ist jedoch befugt, allen polizeilichen und gerichtlichen Verhandlungen, welche Gegenstände seines Geschäftskreises betreffen, beizuwohnen und mit dem Beamten, welcher die Verhandlung zu führen hat, in unmittelbare Verbindung zu treten und seine Anträge und Mittheilungen zur Förderung des Zwecks der Untersuchung an diesen Beamten zu richten.

§. 17.

Dem Staats-Anwalt steht die Einsicht aller polizeilichen und gerichtlichen Akten, welche sich auf einen zu seinem Geschäftskreise gehörenden Gegenstand beziehen, jederzeit frei. Auch gehört es zum Berufe desselben, den Unvollständigkeiten, Verzögerungen oder sonstigen Unregelmäßigkeiten, welche er in den Untersuchungen wahrnimmt, durch Anträge bei der vorgesetzten Behörde des die Untersuchung führenden Beamten Abhülfe zu schaffen.

§. 18.

Beantragt eine Dienstbehörde wegen eines Amtsverbrechens eine Untersuchung gegen einen ihrer Beamten, so muß der Staats-Anwalt dem genügen, selbst wenn seine Ansicht über die Begründung der Anklage von der der Dienstbehörde abweicht. Auch ist er verpflichtet, gegen die gerichtlichen Entscheidungen in Sachen dieser Art Rechtsmittel einzulegen, wenn die Dienstbehörde ihn hierzu auffordert.

§. 19.

Vergehen und Verbrechen, deren Bestrafung die Gesetze von dem Antrage einer Privatperson abhängig machen, darf der Staats-Anwalt nur dann vor Gericht verfolgen, wenn hierauf von jener Person angetragen worden ist. Doch ist er sowohl in diesen Fällen, als auch dann, wenn bei Verbrechen anderer Art die Betheiligten sich an ihn wegen Veranlassung der Untersuchung wenden, befugt, die gerichtliche Verfolgung zu verweigern, wenn er dieselbe für gesetzlich nicht begründet erachtet.

Ueber Beschwerden wegen solcher Weigerungen hat der Ober-Staats-Anwalt und Justiz-Minister zu entscheiden.

§. 20.

Die Gerichte sind an die Anträge des Staats-Anwalts nicht dergestalt gebunden, daß sie nur darüber, ob solche in der angebrachten Art begründet seien, zu entscheiden hätten; sie sind vielmehr verpflichtet, die That, deren Untersuchung und Bestrafung der Staats-

Anwalt beantragt hat, ihrer Beurtheilung zu unterwerfen, und wenn sie hierbei finden, daß diese That zwar eine strafbare ist, allein gegen ein anderes Strafgesetz, als das von dem Staats-Anwalt bezeichnete, verstößt, so liegt ihnen ob, demgemäß was Rechtens zu beschließen.

### §. 21.

So lange das Gericht die förmliche Eröffnung einer Untersuchung noch nicht beschlossen hat, kann der Staats-Anwalt von der Anklage Abstand nehmen, und es ist, wenn er dies erklärt, jedes weitere Verfahren einzustellen. Ist aber die förmliche Untersuchung einmal beschlossen, so muß dieselbe durch ein Urtheil beendet werden.

### §. 22.

Gegen einen Beschluß des Gerichts, durch welchen der Antrag auf Eröffnung einer Untersuchung zurückgewiesen wird, steht dem Staats-Anwalte innerhalb einer zehntägigen präklusivischen Frist, welche mit dem Ablauf des Tages beginnt, an dem die Mittheilung des Bescheides erfolgt ist, die Beschwerde an das Obergericht offen. Bei der Entscheidung dieses Gerichts muß es verbleiben.

### §. 23.

Sowohl während der gerichtlichen Voruntersuchung, als während des ganzen Laufes der gerichtlichen Untersuchung, steht dem Gerichte die Beschlußnahme über die Verhaftung oder Freilassung des Angeklagten zu.

### §. 24.

Der Fällung des Urtheils geht ein mündliches Verfahren vor dem erkennenden Gericht vorher, bei welchem der Staats-Anwalt und der Angeklagte zu hören, die Beweis-Aufnahme vorzunehmen und die Vertheidigung des Angeklagten mündlich zu führen ist. Bei Verbrechen und Vergehen der §§. 3. und 6. erfolgt die Entscheidung der Thatfrage durch Geschworne.

### §. 25.

Der Angeklagte kann in allen Fällen sich des Beistandes eines Vertheidigers bedienen, hat aber nur bei Verbrechen und Vergehen der §§. 3. und 5. das Recht, daß ihm ein Vertheidiger von Amtswegen zugeordnet werde.

### §. 26.

Das mündliche Verfahren ist öffentlich. Aus Gründen der Staatssicherheit, der Sittlichkeit und bei Untersuchungen wegen Beleibigungen kann das Gericht nach Anhörung des Staats-Anwalts die Oeffentlichkeit ausschließen.

**§. 27.**

Zwangsmittel jeder Art, durch welche der Angeklagte zu irgend einer Erklärung genöthigt werden soll, sind unzulässig.

Einer besonderen Belehrung des Verurtheilten über die ihm zustehenden Rechtsmittel bedarf es nicht.

**§. 28.**

Eine Bestätigung des richterlichen Urtheils durch den Justiz-Minister findet nicht ferner statt.

## Titel II.

### Verfahren bei Verbrechen.

#### A. Vorverfahren.

**§. 29.**

Zur Eröffnung einer Untersuchung gegen eine bestimmte Person wegen eines Verbrechens oder Vergehens des §. 3. ist erforderlich:

1) eine vom Staats-Anwalt abzufassende Anklageschrift, welche enthalten muß: den Namen des Angeklagten, eine Darstellung der ihm zur Last gelegten That, die Beweismittel dafür oder für die verdächtigen Umstände, welche auf die Thäterschaft schließen lassen, insbesondere die Namen der Belastungszeugen, deren Abhörung der Staats-Anwalt verlangt, und die Bezeichnung des Verbrechens, dessen der Angeklagte beschuldigt wird;

2) ein auf Grund dieser Anklageschrift, die Eröffnung der Untersuchung anordnender Beschluß des Gerichts, in welchem der Name des Angeklagten und das ihm angeschuldigte Verbrechen zu bezeichnen sind.

**§. 30.**

Die Berathung und Beschlußnahme des Gerichts darüber, ob auf die Anklage die Untersuchung zu eröffnen sei, erfolgt ohne Beisein des Staats-Anwalts.

Erachtet das Gericht die Eröffnung der Untersuchung für nicht zulässig, so hat es in dem Beschlusse hierüber, wenn der Angeschuldigte verhaftet ist, zugleich dessen Freilassung zu verordnen.

### §. 31.

Findet das Gericht die Sache noch nicht hinreichend vorbereitet, um über die förmliche Eröffnung der Untersuchung zu entscheiden, so hat es die Punkte, in Ansehung deren es noch einer näheren Aufklärung bedarf, in dem abzufassenden Beschlusse zu bezeichnen und diesen Beschluß dem Staats-Anwalte zur Erledigung zuzustellen.

### §. 32.

Hält der Staats-Anwalt zur Begründung oder Vervollständigung der Anklage eine gerichtliche Voruntersuchung für nöthig, so hat auf seinen Antrag das Gericht einen Untersuchungsrichter zu ernennen.

Der Staats-Anwalt ist auch befugt, die als Einzelrichter beschäftigten Mitglieder des Gerichts so wie anderer Gerichte unmittelbar um die gerichtliche Voruntersuchung, oder einzelne Handlungen daraus zu ersuchen.

### §. 33.

Bei den Voruntersuchungen sind die in den bisherigen Gesetzen für den Inquirenten gegebenen Vorschriften, insbesondere auch die wegen Zuziehung eines vereideten Protokollführers, zu beachten.

### §. 34.

Der Zweck der Voruntersuchung ist: die Existenz und Natur des angezeigten Verbrechens, so wie die Person des Thäters und die zu seiner Ueberführung dienenden Beweismittel, so weit zu erforschen und festzustellen, als dies zur Begründung einer Anklage und zur Vorbereitung der mündlichen Haupt-Untersuchung erforderlich erscheint. Der Untersuchungsrichter hat daher seine Nachforschungen nicht weiter auszudehnen, als dieser Zweck es nothwendig macht.

Auch der Beweis der Unschuld kann in der Voruntersuchung angetreten werden.

### §. 35.

Ob und welche Zeugen in der Voruntersuchung zu vereidigen sind, bleibt dem Ermessen des Untersuchungsrichters überlassen.

### §. 36.

Auch der Beschuldigte kann in der Voruntersuchung, wenn dies zur Aufklärung des Sachverhältnisses zweckmäßig erscheint, vernommen werden. Ist derselbe verhaftet, so muß seine Vernehmung stets erfolgen.

**§. 37.**

Die Zulassung eines Vertheidigers in der Voruntersuchung ist statthaft. Derselbe darf dem Richter in Erforschung der Wahrheit nicht entgegentreten. Verhaftete können zum Vertheidiger in der Voruntersuchung nur einen in Amt und Pflicht stehenden Justizbeamten erwählen.

**§. 38.**

Nach Abschließung der Voruntersuchung legt der Untersuchungsrichter die Akten dem Staats-Anwalte zur Stellung der nöthigen Anträge vor.

Nimmt der Staats-Anwalt hierbei von der weiteren Verfolgung der Sache Abstand, so ist die Zurücklegung der Akten und, wenn der Beschuldigte verhaftet ist, dessen Freilassung zu verfügen.

Erachtet der Staats-Anwalt aber die förmliche Einleitung der Untersuchung für begründet, so hat er die Anklageschrift einzureichen, über welche alsdann das Gericht Beschluß faßt.

**§. 39.**

Wird die Eröffnung der Untersuchung beschlossen, so hat das Gericht zugleich einen Termin zum mündlichen Verfahren zu bestimmen.

**§. 40.**

Ist der Angeklagte verhaftet, so wird ihm die Anklageschrift nebst dem Beschluß unter Mittheilung einer Abschrift vorgelesen, und er darüber vernommen:

    ob und welche Beweismittel zu seiner Vertheidigung er herbeigeschafft, insbesondere welche Zeugen er vorgeladen zu sehen verlange?

Kann der Angeklagte sich hierüber nicht auf der Stelle erklären, so ist ihm eine angemessene Frist dazu zu bestimmen.

**§. 41.**

Hat der verhaftete Angeklagte einen Vertheidiger, so ist diesem eine Abschrift der Anklage und des Beschlusses mitzutheilen.

**§. 42.**

Ist der Angeklagte nicht verhaftet, so wird derselbe unter Mittheilung einer Abschrift der Anklageschrift und des Beschlusses schriftlich mit der Aufforderung vorgeladen, zur festgesetzten Stunde zu erscheinen und die zu seiner Vertheidigung dienenden Beweismittel mit zur Stelle zu bringen, oder solche dem Richter so zeitig vor dem Termine anzuzeigen, daß sie noch zu demselben herbeigeschafft werden können.

Zugleich ist dem Angeklagten die Warnung zu stellen,
daß im Falle seines Ausbleibens mit der Untersuchung und Entscheidung in Strafe des Ungehorsams verfahren werden solle.

**§. 43.**

Als Zeugen werden, ohne Rücksicht darauf, ob sie schon in der Voruntersuchung vernommen sind oder nicht, alle diejenigen vorgeladen, deren Abhörung der Staats-Anwalt oder der Angeklagte ausdrücklich beantragt hat oder das Gericht für erforderlich erachtet.

Dem Angeklagten ist bei seiner im §. 40. bestimmten Vernehmung oder in der schriftlichen Vorladung bekannt zu machen, welche Zeugen auf Antrag des Staats-Anwalts oder nach dem Beschluß des Gerichts zum Termin vorgeladen sind.

Dem Staats-Anwalt sind diejenigen Zeugen namhaft zu machen, deren Vorladung auf Verlangen des Angeklagten und nach dem Beschluß des Gerichts verfügt worden ist.

**§. 44.**

Nur auf Grund bescheinigter erheblicher Hindernisse kann dem Antrage des Angeklagten auf Ansetzung eines neuen Termins stattgegeben werden.

**§. 45.**

In Ansehung der Vorladung der Zeugen bewendet es bei den bisherigen Vorschriften. Der Richter ist indessen befugt, auch die einem anderen persönlichen Gerichtsstande unterworfenen Zeugen zum Erscheinen bei dem mündlichen Verfahren anzuhalten.

**§. 46.**

In der Zwischenzeit bis zum Termine ist dem verhafteten Angeklagten, wenn er einen Vertheidiger hat, verstattet, sich mit demselben zu besprechen, und zwar ohne Beisein einer Gerichtsperson, wenn der Vertheidiger ein in Eid und Pflicht stehender Justiz-Beamter ist. Auch sollen während der gedachten Zeit dem Vertheidiger, der Angeklagte möge verhaftet sein oder nicht, die Untersuchungs-Akten auf Verlangen in der Gerichts-Registratur zur Einsicht vorgelegt werden; eine Verabfolgung derselben an den Vertheidiger ist nicht zulässig.

**§. 47.**

Die kollegialischen Gerichte haben mit Rücksicht auf den Umfang ihrer Geschäfte in Untersuchungssachen bestimmte Tage in der Woche oder dem Monat alljährlich festzusetzen und bekannt zu machen, in benen die mündlichen Verhandlungen mit Zuziehung der Geschwornen stattfinden. Können die zu einem Tage anberaumten Sachen an diesem nicht beendet werden, so wird damit die folgenden Tage fortgefahren.

### §. 48.

**B. Bildung des Geschwornen-Gerichts.**

Die Wahl der auf die allgemeine Liste kommenden Geschwornen erfolgt in jeder Gemeinde durch diejenigen Mitglieder derselben, welche zur Wahl des Gemeinderaths berechtigt sind.

### §. 49.

Wählbar zum Geschwornen ist jeder Gemeindewähler in seiner Gemeinde, wenn er lesen und schreiben kann und das 30ste Lebensjahr vollendet hat. Ausgeschlossen sind nur die Geistlichen aller Religionsbekenntnisse und Personen, welche das 70ste Lebensjahr vollendet haben.

### §. 50.

Auf je hundert und fünfzig Seelen einer Gemeinde wird ein Geschworner gewählt. Die Wahl gilt nur für ein Jahr.

### §. 51.

Die Wahlen geschehen in den Gemeinden alljährlich an demselben Tage, an welchem die Wahl des Gemeinderaths Statt hat, und unter denselben Formen. Findet gleichzeitig eine Gemeinderathswahl statt, so erfolgt die Wahl der Geschwornen nach dieser und kann, wenn sie an diesem Tage nicht vollendet werden kann, am zweitfolgenden fortgesetzt werden.

### §. 52.

Mehr als 5 Geschworne dürfen nicht in einem Wahlakt gewählt werden.

### §. 53.

Diejenigen, welchen der Dienst eines Geschwornen wegen ihrer Erwerbs- und Familienverhältnisse eine zu schwere Last sein würde, können die auf sie gefallene Wahl ablehnen. Dieses Recht muß bei Strafe des Verlustes sofort nach geschehener Wahl in der Wahlversammlung ausgeübt werden. Die Wahlversammlung entscheidet sofort darüber und schreitet, im Fall die Ablehnung bewilligt wird, zu einer neuen Wahl.

**§. 54.**

Werden Personen gewählt, denen die Bedingungen des §. 49. abgehen, so haben diese, wenn sie gegenwärtig sind, die Pflicht, es sofort anzuzeigen; ein gleiches Recht hat jeder Wähler. Die Versammlung schreitet, wenn die Unfähigkeit für wahr befunden wird, sofort zu einer neuen Wahl.

**§. 55.**

Die Prüfung der Rechtsgültigkeit der Wahlen gebührt dem kollegialischen Untergerichte, zu dessen Bezirk die Gemeinde gehört. Dasselbe entscheidet auch über Beschwerden gegen die Wahl. Diese sind nur zulässig, wenn sie innerhalb **10 Tagen** nach der Wahl bei dem Gericht eingehen und entweder von den gewählten Geschwornen, oder von einem der bei der Wahl anwesend gewesenen Gemeindemitglieder erhoben sind. Erklärt das Gericht eine Wahl für ungültig, so veranlaßt der Vorstand der betreffenden Gemeinde sofort eine Neuwahl.

**§. 56.**

Das kollegialische Untergericht stellt hiernach eine allgemeine Liste der Geschwornen seines Bezirks fest. Sobald dies geschehen ist, wählt das Gericht zunächst **25 Personen** aus dieser Liste zu einer Ergänzungs-Abtheilung. Hierzu sind nur solche Geschworne zu wählen, welche am Orte des Gerichts oder in dessen unmittelbarer Nähe wohnen und an den Terminstagen (§. 47.) in der Regel zu Hause anzutreffen sind. Bei sehr großen Gerichten können mehrere dergleichen Ergänzungs-Abtheilungen gebildet werden.

**§. 57.**

Nach Bildung dieser Ergänzungs-Abtheilungen werden von dem Gericht die übrigen Geschwornen seiner Liste durch das Loos in Abtheilungen zu **25** abgetheilt. Die zuerst gezogenen **25** Namen bilden die erste Abtheilung, und so weiter.

**§. 58.**

Die Verhandlungen des Gerichts (§. 56. und 57.) sind öffentlich. Das Gericht macht die allgemeine Liste der Geschwornen und deren Vertheilung in die Ergänzungs- und laufenden Abtheilungen öffentlich bekannt.

**§. 59.**

Das Geschäftsjahr der Geschwornen beginnt mit dem ersten Tage des zweiten Monats nach dem, in welchem die Wahl derselben geschehen ist.

**§. 60.**

Für die Untersuchungen des ersten Terminstages dieses Geschäftsjahrs (§. 59.) werden **12** Geschworne aus der ersten Abtheilung der allgemeinen Liste, für den zweiten Terminstag **12** dergleichen aus der zweiten Abtheilung und so fort durch das Loos bestimmt. Ist im Laufe des Geschäftsjahrs dies durch alle Abtheilungen geschehen, so beginnt die Reihenfolge derselben von vorn.

**§. 61.**

Diese Bestimmung durch das Loos erfolgt **3 bis 8** Tage vor dem betreffenden Terminstag durch das Gericht in öffentlicher Sitzung. Nach dieser Ausloosung darf keine Sache mehr zur mündlichen Verhandlung an diesem Terminstage angesetzt werden. Ist dem Gericht bekannt, daß einzelne Geschworne der an der Reihe stehenden Abtheilung nicht mehr in dem Gerichtsbezirk wohnhaft, oder durch Krankheit oder andere unüberwindliche Hindernisse am Erscheinen behindert sind, so werden deren Namen nicht mit in die Urne gelegt.

**§. 62.**

Diese **12** Geschwornen werden durch das Gericht von ihrer Ausloosung in Kenntniß gesetzt. Sie haben sich zu der bestimmten Stunde des Terminstags im Gerichtssaal pünktlich einzufinden. Geschieht dies nicht, oder entfernen sie sich vor dem Schluß des Termins, so spricht das Gericht des Terminstags über sie eine Strafe von **5 bis 100** Thlr. aus, gegen welche dem Verurtheilten innerhalb **10** Tagen nach Empfang des Bescheides die Beschwerde an das Obergericht zusteht.

**§. 63.**

Die Namen, der Stand und Wohnort der **12** Geschwornen sind dem Staats-Anwalt und dem Angeklagten spätestens **24** Stunden vor dem Terminstage schriftlich mitzutheilen.

**§. 64.**

**C. Verfahren bei der mündlichen Verhandlung.**

Sind zur Stunde des Termins die **12** Geschwornen nicht sämmtlich erschienen, so werden aus der Ergänzungsliste so viele, als ausgeblieben sind, vom Gericht durch das Loos gezogen, und statt jener sofort zum Erscheinen aufgefordert. Nachdem die Zahl der Geschwornen vollzählig geworden, beginnt die Verhandlung der einzelnen Sachen in Gegenwart des Staats-Anwalts und des Angeklagten.

**§. 65.**

Der Vorsitzende befragt den Angeklagten nach seinem Namen, Wohnort, seinem Alter und Gewerbe. Der Gerichtschreiber ruft die Namen der 12 Geschwornen auf und legt bei der Antwort des Geschwornen dessen Namenzettel in eine Urne. Der jüngste Richter zieht daraus durch das Loos 6 Geschworne. Diese bilden das Geschwornen-Gericht für die gegenwärtige Sache. Ist zu erwarten, daß die Verhandlung dieser Sache an einem Tage nicht beendet werden kann, so sind aus der Ergänzungs-Abtheilung noch ein bis zwei Ergänzungs-Geschworne durch das Loos zu bestimmen und vorzufordern. Sie nehmen an der Berathung und dem Spruch der Geschwornen nur Theil, wenn im Laufe der Verhandlung einem der Geschwornen der Dienst unmöglich wird.

**§. 66.**

Der Staats-Anwalt und der Angeklagte kann nach Ziehung eines Namens den Geschwornen, ohne daß Gründe angegeben werden dürfen, ablehnen. Jeder kann dies Recht nur so weit ausüben, daß 6 Geschworne zum Dienst übrig bleiben. Bei dem ersten Namen erklärt sich zuerst der Angeklagte, dann der Staats-Anwalt, beim zweiten zuerst der Staats-Anwalt und dann der Angeklagte, bei dem dritten wie beim ersten, und so weiter wechselsweise. Dieses Recht der Ablehnung muß bei Verlust sofort nach der Ziehung des Namens ausgeübt werden.

**§. 67.**

Will der Staats-Anwalt oder Angeklagte ein ausgedehnteres Ablehnungsrecht geltend machen, so ist er schuldig, die Gründe seiner Ablehnung dem Gericht spätestens vor dem Beginn der Terminsstunde des Terminstages anzuzeigen, und so weit es angeht, zu bescheinigen. Das Gericht kann die betreffenden Geschwornen hierüber hören; es entscheidet nach Anhörung des Gegners nach billigem Ermessen. Diese Verhandlung ist nicht öffentlich. An die Stelle der hiernach für diese Sache ausscheidenden Geschwornen wird eine gleiche Zahl aus der Ergänzungsliste durch das Loos von dem Gericht gezogen und zu dieser Sache vorgefordert. Gegen die so gebildeten 12 Geschwornen findet nur das Ablehnungsrecht des **§. 66.** Statt.

**§. 68.**

Mehrere Mit-Angeklagte können das Ablehnungsrecht des **§. 66.** nur gemeinschaftlich, das in **§. 67.** aber auch einzeln ausüben. Im

Fall, daß sich die Angeklagten über ersteres nicht einigen, entscheidet die Mehrheit der Stimmen, und bei deren Gleichheit das Loos.

**§. 69.**

Nach Feststellung der 6 Geschwornen für die vorliegende Sache erfolgt deren Vereidigung. Der Vorsitzende erklärt den stehenden Geschwornen:

Sie schwören zu Gott, daß Sie den Verhandlungen in dieser Sache mit steter Aufmerksamkeit folgen und die Beantwortung der Ihnen vorgelegten Fragen unpartheiisch und gewissenhaft, rein nach ihrer Ueberzeugung abgeben, auch vorher mit Niemand als Ihren Mitgeschwornen sich besprechen werden. Die Geschwornen antworten einzeln: Ich schwöre es, und nehmen ihren Sitz zu beiden Seiten des Gerichts an dessen Tisch oder dahinter.

**§. 70.**

Es erfolgt das Verhör des Angeklagten, der Zeugen und Sachverständigen durch den Vorsitzenden, welchem die Leitung der Verhandlungen gebührt. Die Mitglieder des Gerichts, die Geschwornen und der Staats-Anwalt können mit Gestattung des Vorsitzenden einzelne Fragen unmittelbar dem Angeklagten, den Zeugen und Sachverständigen stellen. Das gleiche Recht hat der Angeklagte und dessen Vertheidiger, in Betreff der Zeugen und Sachverständigen.

**§. 71.**

Ist der Angeklagte nicht erschienen oder verweigert er die Erklärung, so wird in Strafe des Ungehorsams mit Bildung des Geschwornengerichts und Aufnahme des Beweises, Anhörung des Staats-Anwalts, Fällung des Urtheils durch Geschworne und Richter verfahren. Der ausgebliebene Angeklagte erhält das Urtheil in Ausfertigung zugestellt. Das Gericht kann jedoch auch die Sache vertagen und die Vorführung oder Verhaftung des Angeklagten anordnen. Das Recht der Vertagung steht auch den Geschwornen zu.

**§. 72.**

Die schon in der Voruntersuchung eidlich vernommenen Zeugen werden bei ihrer nochmaligen Abhörung nicht aufs Neue vereidet, sondern auf den geleisteten Eid verwiesen.

**§. 73.**

Zeugen, die nicht vorgeladen worden, allein in der Nähe befindlich sind, kann der Richter sogleich durch den Gerichtsdiener gestellen lassen.

Dasselbe gilt von gehörig vorgeladenen, aber ausgebliebenen Zeugen. Hat ein solcher Zeuge sein Ausbleiben nicht im Voraus entschuldigt, so kann gegen ihn von dem Gericht ohne weiteres Verfahren eine Geldbuße bis zu **20 Thalern** oder eine Gefängnißstrafe bis zu acht Tagen und die Verpflichtung zur Tragung aller Kosten festgesetzt werden, welche durch die von ihm verursachte Ansetzung eines neuen Termins entstehen. Die Niederschlagung dieser Strafe und die Entbindung von der Kostentragung ist von dem Gericht nur dann zu bewilligen, wenn der Zeuge binnen vierzehn Tagen nach Zustellung der Strafverfügung sein Ausbleiben genügend entschuldigt.

**§. 74.**

Kann bei dem mündlichen Verfahren die Vernehmung eines Zeugen wegen Krankheit, Altersschwäche, großer Entfernung oder anderer unabwendbaren Hindernisse nicht erfolgen, so ist solche anderweit zu bewirken und in diesen Fällen, so wie alsdann, wenn ein schon zuvor gerichtlich vernommener Zeuge inzwischen verstorben ist, das Vernehmungs-Protokoll bei dem mündlichen Verfahren vorzulesen. Doch kann der Richter, wenn die Beseitigung jenes Hindernisses möglich ist, und er die Abhörung des Zeugen zur Aufklärung der Sache für nothwendig hält, die Vertagung des Verfahrens und die Vorladung des Zeugen dazu beschließen. Gleiches Recht haben die Geschwornen.

**§. 75.**

Hat eine Beweis-Aufnahme durch Einnehmung des Augenscheins an Ort und Stelle stattgefunden, so muß das darüber aufgenommene Protokoll bei dem mündlichen Verfahren vorgelesen werden. Das Gericht ist auch befugt, mit Zuziehung der Geschwornen, des Staats-Anwalts, des Angeklagten und seines Vertheidigers sich an Ort und Stelle zu begeben. Die Verhandlung der Sache darf deshalb nicht länger unterbrochen werden, als dieser Zwischenfall nothwendig macht.

**§. 76.**

Ueber den Hergang im Termine wird von einem vereideten Gerichtsschreiber ein Protokoll aufgenommen, welches die Namen der Richter und Geschwornen und den wesentlichen Inhalt der Erklärungen des Anklägers, des Angeklagten und der Zeugen enthalten muß, und in welchem zugleich das abgefaßte Urtheil niederzuschreiben ist. Darin sind auch die Abänderungen oder Zusätze anzugeben, welche in den Aussagen der schon in der Voruntersuchung vernommenen Zeugen bei deren nochmaliger Vernehmung im mündlichen Verfahren hervortreten. Der Vorsitzende des Gerichts und der Geschworenen vollziehen das Protokoll nach Beendigung der Sache.

#### §. 77.

Nach geschlossener Beweisaufnahme stellt der Staats-Anwalt seine Anträge in Bezug auf die Thatfrage. Er schließt mit der Aufstellung bestimmter dem Geschwornengericht vorzulegender Fragen über die Thatumstände, welche das Verbrechen mit seinen Milderungs- und Schärfungsgründen bilden. Er überreicht diese Fragen schriftlich abgefaßt dem Gericht.

#### §. 78.

Der Angeklagte und dessen Vertheidiger nehmen hierauf über die Thatfrage das Wort. Sie können die Fragen des Staats-Anwalts angreifen, auch selbst Fragen hinzufügen. Ist der Angeklagte ohne Vertheidiger, so schreibt der Gerichtsschreiber diese Fragen auf.

#### §. 79.

Dem Staats-Anwalt steht eine Erwiderung zu. Der Angeklagte mit seinem Vertheidiger hat das letzte Wort.

#### §. 80.

Das Gericht entscheidet über die Fassung der Fragen, kann auch denselben neue hinzufügen. Der Gerichtsschreiber nimmt sie zu Protokoll. Der Vorsitzende verkündet sie und faßt die Verhandlungen in eine Uebersicht zusammen.

#### §. 81.

Die Fragen §. 77., 78., 80. sind so zu fassen, daß sie mit ja oder nein zu beantworten sind. Ist die rechtliche Beurtheilung eines Thatumstandes zweifelhaft, so ist die Frage rein thatsächlich zu stellen. Verschiedene von einander unabhängige Thatumstände sind in getrennte Fragen zu fassen. Die Zurechnungsfähigkeit gehört zur Thatfrage.

#### §. 82.

Die Geschwornen begeben sich mit den Voruntersuchungs-Verhandlungen und dem Termins-Protokoll, in ihr Berathungszimmer, in welchem jedem Andern der Zutritt untersagt ist. Sie dürfen dasselbe vor ihrem Spruch nicht verlassen.

Sie wählen durch Stimmenmehrheit einen Vorsitzenden. Bei Stimmengleichheit entscheidet das Loos.

#### §. 83.

Der Vorsitzende leitet die Erörterung, er sammelt die Stimmen und verzeichnet hinter jeder Frage des Protokolls das Ja oder Nein nach der Stimmenmehrheit. Stimmengleichheit gilt bei Fragen, deren Bejahung die Strafe begründet und erhöht, für nein, bei andern Fragen für ja.

### §. 84.

Die Geschwornen treten in den Sitzungssaal zurück. Der Vorsitzende derselben verkündet den Beschluß mit den Eingangsworten:

„Auf Ehre und Gewissen, vor Gott und den Menschen, der
„Spruch der Geschwornen lautet auf die Frage:"

durch Ablesung der Fragen und Antworten.

### §. 85.

Die Geschwornen sind befugt, die gestellten Fragen zu theilen. Sie sind befugt, wenn sie noch eine weitere Aufklärung der Sache für möglich und erforderlich halten, die Beantwortung der Fragen auszusetzen und hiernach ihre Anträge zu stellen. Das Gericht beschließt hierüber. Muß die weitere Verhandlung hiernach ausgesetzt werden, so wird bei der späteren mündlichen Verhandlung so verfahren, als hätte noch keine Statt gehabt.

### §. 86.

Nach Verkündigung des Spruchs der Geschwornen stellt der Staats-Anwalt seine Anträge über den Rechtspunkt und das Strafmaaß. Der Angeklagte und dessen Vertheidiger antworten. Der Staats-Anwalt hat das Recht der Erwiderung. Der Angeklagte und dessen Vertheidiger haben das letzte Wort.

### §. 87.

Das Gericht erkennt; es kann sich deshalb in das Berathungszimmer zurückziehen. Der Vorsitzende verkündet das Urtheil und begründet den Rechtspunkt und das Strafmaaß. Der Gerichtsschreiber trägt die Erkenntnißformel in das Protokoll ein. Die schriftliche Begründung kann innerhalb 8 Tagen nachgebracht werden. Das Gericht kann den Spruch vertagen. Die Verkündigung erfolgt dann spätestens in 8 Tagen in öffentlicher Sitzung ohne die Geschwornen.

### §. 87[b].

Ist das Gericht einstimmig der Ansicht, daß die bejahende Antwort der Geschwornen über die Hauptfrage, ob der Angeklagte das Verbrechen begangen habe, unrichtig sei, so wird dieser Beschluß statt Erkenntnisses ohne Gründe verkündet. Das Gericht ordnet ein neues mündliches Verfahren nach den Regeln, als hätte noch keins stattgehabt. Als Geschworne treten dabei die aus der alsdann an der

Reihe stehenden Abtheilung ein. Bei dieser neuen Verhandlung findet dieses Recht des Gerichts (§. 87.) nicht Statt.

### §. 88.

Außer diesem Falle darf in den Erklärungen (§. 86.) und dem Erkenntniß (§. 87.) die Richtigkeit des Spruchs der Geschwornen nicht angegriffen werden. Dieser Spruch wird dem Erkenntniß zu Grunde gelegt. Das Erkenntniß lautet unter Angabe des bestimmten Verbrechens auf: schuldig, oder: nicht schuldig, bestimmt die Strafe und den Kostenpunkt. Der für nicht schuldig Erklärte darf wegen derselben Handlung nicht wieder unter Anklage gestellt werden, es sei denn im Wege des Rechtsmittels der Restitution (§. 118. fg.).

### §. 89.

Findet das Gericht im Laufe der mündlichen Verhandlung, daß die That des Angeklagten seine Kompetenz überschreitet, so faßt es hierüber nach Anhörung des Staats-Anwalts und Angeklagten Beschluß. Die mündliche Verhandlung geht an das kompetente Gericht über.

### §. 90.

Findet das Gericht, daß die That des Angeklagten nur ein Vergehen des §. 1. enthält, so haben dennoch die Geschwornen ihren Spruch und das Gericht das Urtheil zu fällen.

## Titel III.
### Verfahren bei schweren Verbrechen.

### §. 91.

Bei den Untersuchungen schwerer Verbrechen finden die Vorschriften des Titel II. mit folgenden Maaßgaben Anwendung: Dem mündlichen Verfahren muß stets eine gerichtliche Voruntersuchung vorhergehen, in welcher der Angeklagte zu hören ist.

### §. 92.

Erklärt der Staats-Anwalt nach dem Schlusse der Voruntersuchung, daß er die förmliche Anklage erheben wolle, und beantragt er demgemäß, den Beschuldigten in den Anklagezustand zu versetzen: so ist über diesen Antrag von einer aus drei Mitgliedern bestehenden Gerichts-Deputation ein Beschluß zu fassen, welcher dem Staats-Anwalte, so wie dem Beschuldigten, zu eröffnen ist.

Die Mitglieder dieser Deputation dürfen nicht Richter bei der mündlichen Verhandlung sein. Ist die Zahl der Gerichtsmitglieder hierzu nicht hinreichend, so bildet das nächste von dem Justiz-Minister ein für allemal zu bestimmende Gericht diese Deputation.

**§. 93.**

Hält die Anklage-Deputation vor ihrer Beschlußnahme eine Ergänzung der Voruntersuchung für nöthig, so theilt sie den hierüber gefaßten Beschluß dem Staats-Anwalt zur Erledigung mit. Es bleibt diesem vorbehalten, ob er nach Erledigung des Beschlusses auf seinem Antrag beharren will.

**§. 94.**

Spricht der Beschluß der Deputation die Versetzung in den Anklagezustand aus, so hat der Staats-Anwalt die hiernach noch abzufassende Anklageschrift binnen 8 Tagen beim erkennenden Gericht einzureichen.

**§. 95.**

Hat der Angeklagte keinen rechtsverständigen Vertheidiger gewählt, so muß ihm ein solcher von Amtswegen zur mündlichen Verhandlung zugeordnet werden.

**§. 96.**

Das Gericht der mündlichen Verhandlung besteht aus 12 Geschwornen und 5 Richtern.

**§. 97.**

Die Ziehung von 12 Geschwornen (§. 61.) erfolgt aus je zwei Abtheilungen der Geschwornenliste, so daß 24 Geschworne zu dem Termine erscheinen. In gleicher Weise verdoppeln sich die Zahlen in den Fällen des §. 64. 66. 69.

**§. 98.**

Die Anklageschrift wird durch den Gerichtsschreiber verlesen.

**§. 99.**

Bei großen Gerichten, wo Amtsverbrechen, das Verbrechen des Banquerotts und Untersuchungen mit mehr als 5 Angeklagte oder mit mehr als 5 Verbrechen, worunter ein schweres, häufiger vorkommen, sind nach Bildung der Ergänzungsliste der Geschwornen (§. 56.) zwei oder mehrere Spezial-Listen für diese Verbrechen, durch Auswahl derjenigen Geschwornen der allgemeinen Liste zu bilden, welche durch die nöthigen besonderen Sachkenntnisse oder durch scharfe und schnelle Auffassung sich auszeichnen. Erst nach Bildung dieser Special-Abtheilungen beginnt die Bildung der laufenden Abtheilungen durch das Loos, wobei jedoch die Geschwornen der Special-Abtheilungen nicht ausscheiden.

**§. 100.**

Bei den Verbrechen des §. 99. kann der Staats-Anwalt und der Angeklagte spätestens 8 Tage vor dem mündlichen Verfahren darauf antragen, daß das Geschwornengericht nicht aus der laufenden Abtheilung, sondern aus den Special-Abtheilungen gebildet werde. Der Antrag eines Angeklagten oder des Staats-Anwalts ist dazu hinreichend.

**§. 101.**

Kommen dergleichen Untersuchungen (§. 99.) bei Gerichten vor, wo solche Special-Abtheilungen nicht vorhanden sind, so findet, wenn ein solcher Antrag gestellt wird, die mündliche Verhandlung bei dem nächsten Gericht statt, wo solche Special-Abtheilungen vorhanden sind.

## Titel IV.
### Verfahren bei Vergehen.

**§. 102.**

Bei der Untersuchung der Vergehen des §. 1. finden die Vorschriften des Titel II. mit folgenden Maaßgaben Anwendung.

Die Entscheidung der That- und Rechtsfrage erfolgt in einem Erkenntniß durch den Richter. Geschworne treten nicht ein.

**§. 103.**

Die Anklage kann schriftlich oder mündlich angebracht werden.

**§. 104.**

Wird dem Richter beim Eingange der Anklage zugleich der Angeklagte vorgeführt, und gesteht derselbe die ihm angeschuldigte That, oder sind die Beweismittel für die Anklage und Vertheidigung zur Hand, so hat der Richter in der Regel auf der Stelle die Untersuchung zu führen und das Urtheil zu fällen.

Ist der Angeklagte verhaftet, so muß dessen Vorführung beim Eingange der Anklage sofort geschehen.

**§. 105.**

Kann im Falle des §. 104. das Urtheil nicht sogleich gefällt werden, der Angeklagte ist aber verhaftet, so muß derselbe sogleich über die zu seiner Vertheidigung dienenden Beweismittel vernommen und hierauf zum mündlichen Verfahren und zur Entscheidung der

Sache ein möglichst naher Termin anberaumt werden, zu welchem die beiderseits vorgeschlagenen Zeugen vorzuladen sind.

**§. 106.**

Kann der Angeklagte nicht sofort vorgeführt werden, so ist derselbe zum mündlichen Verfahren durch eine schriftliche Verfügung vorzuladen, welche die Thatsachen des ihm angeschuldigten Vergehens enthalten muß.

## Titel V.
### Verfahren bei der Nichtigkeitsbeschwerde.

**§. 107.**

Gegen jedes Erkenntniß der Gerichte des 3. und 5. steht dem Staats-Anwalt und dem Angeklagten, bei schweren Verbrechen auch dessen Vertheidiger das Rechtsmittel der Nichtigkeitsbeschwerde binnen zehn Tagen nach dem Verkündigungstage, diesen nicht mitgerechnet, zu.

**§. 108.**

Die Nichtigkeitsbeschwerde findet nur statt:
1) wegen Verletzung wesentlicher Förmlichkeiten. Welche Förmlichkeiten wesentlich seien, entscheidet das erkennende Gericht.
2) wegen falscher Anwendung oder Auslegung des Strafgesetzes. Ueber die Abmessung einer im Gesetz unbestimmt gelassenen Strafe findet das Rechtsmittel nicht statt.

**§. 109.**

Das Rechtsmittel ist bei dem Gerichte der ersten Instanz entweder mündlich zum Protokoll oder schriftlich anzumelden. Im letzten Falle muß die Schrift des Angeklagten von einem zum Richteramt befähigten Rechtsverständigen unterzeichnet sein.

**§. 110.**

Es muß in dem Falle des §. 108. 1. die verletzte Förmlichkeit nach Art und Zeit, in dem Falle des §. 108. 2. das verletzte Strafgesetz genau angegeben werden. Ist dies in der Anmeldung nicht geschehen, so kann es in einer andern Frist von 10 Tagen nach Ablauf der Frist §. 107. in der Form des §. 109. nachgebracht werden.

**§. 111.**

Die Schriften §§. 109. 110. werden dem Gegentheil zur schriftlichen Beantwortung innerhalb 10 Tagen mitgetheilt. Nach Ablauf der Frist übersendet das Gericht die Akten dem erkennenden Gericht.

**§. 112.**

Die Entscheidung erfolgt von dem Geheimen Obertribunal zu Berlin durch eine Deputation von 7 Mitgliedern in öffentlicher Sitzung. Ist von dem Einleger des Rechtsmittels auf mündliches Verfahren angetragen worden, so beginnt die Verhandlung mit Verlesung einer schriftlichen Darstellung der Sachlage durch ein Mitglied. Der Einleger des Rechtsmittels und nach ihm der Gegentheil werden zum Wort verstattet. Die Staats-Anwalte außerhalb Berlin werden hierbei von dem Staats-Anwalt bei dem Kriminalgericht zu Berlin vertreten; der Angeklagte kann selbst oder ein zum Richteramt befähigter Rechtsverständiger für ihn sprechen. Ist von dem Einleger des Rechtsmittels auf mündliche Verhandlung nicht angetragen, so entscheidet das Gericht ohne Anhörung der Betheiligten auf Grund der Akten.

**§. 113.**

Das Erkenntniß erstreckt sich nur über die zur Beschwerde gestellten Verletzungen (§. 110.).

**§. 114.**

Erachtet das Gericht die Beschwerde für nicht begründet, so verwirft es dieselbe durch Erkenntniß. Erachtet es dieselbe für begründet, so wird in dem Falle des §. 108. 1. das Verfahren, in dem Falle des §. 108. 2. das Erkenntniß für nichtig erklärt. Das Erkenntniß ergeht mit Gründen in dreifacher Ausfertigung, für das Gericht I. Instanz und beide Theile.

**§. 115.**

Ist das Verfahren für nichtig erklärt, so tritt eine mündliche Verhandlung ein, so, als hätte noch keine Statt gehabt. Ist das Erkenntniß für nichtig erklärt, so tritt nun eine neue mündliche Verhandlung für den Theil derselben ein, welcher nach dem Spruch der Geschworenen Statt gehabt ohne Gegenwart der Geschworenen und Zeugen. Die früheren Verhandlungen können dabei verlesen werden. Das Gericht legt seinem Erkenntniß die Grundsätze unter, wegen deren Verletzung die Nichtigkeit erkannt ist.

**§. 116.**

Gegen die Erkenntnisse des §. 114. ist das Rechtsmittel der Nichtigkeitsbeschwerde zulässig.

**§. 117.**

Die Vollstreckung der Gefängnißstrafen wird durch Einlegung der Nichtigkeitsbeschwerde nicht gehemmt, die der Geldstrafen nur, wenn Kaution geleistet worden. Die Vollstreckung anderer Strafen wird durch die Einlegung der Beschwerde gehemmt, ohne Rücksicht darauf, wer die Beschwerde eingelegt hat. Die Freilassung des für Nichtschuldig erklärten Angeklagten wird durch Einlegung des Rechtsmittels nicht gehemmt.

## Titel VI.
### Verfahren bei Restitutionsgesuchen.

#### §. 118.

Gegen jedes Erkenntniß I. Instanz der Gerichte des §. 1. 3. und 5., so wie gegen die Erkenntnisse II. Instanz bei Rekursgesuchen (§. 127.) steht dem Staats-Anwalt und dem Verurtheilten das Rechtsmittel der Restitution zu:

1) wenn in der mündlichen Verhandlung eine verfälschte Urkunde oder die Aussage eines meineidigen Zeugen als Beweismittel vorgekommen ist.
2) wenn der Verurtheilte seine gänzliche Unschuld durch neue direkte Beweismittel darthun will.

Die Einlegung des Rechtsmittels hat die Wirkung des §. 117.; doch wird die Fortsetzung der Vollstreckung bereits angetretener Freiheitsstrafen dadurch nicht gehemmt.

#### §. 119.

Bezweckt das Rechtsmittel im Falle des §. 118. 1. die Abänderung des Erkenntnisses zum Nachtheil des Angeklagten, so muß dasselbe, ehe das Vergehen oder Verbrechen verjährt ist, eingelegt werden. Bezweckt das Rechtsmittel eine Abänderung des Erkenntnisses zu Gunsten des Angeklagten, so ist dessen Einlegung an keine Frist gebunden.

#### §. 120.

Das Restitutionsgesuch ist schriftlich, oder zu Protokoll bei dem Gericht I. Instanz anzubringen. Es wird dem Gegentheil zur Erklärung binnen zehn Tagen mitgetheilt. Nach Eingang dieser Erklärung oder Ablauf der Frist, faßt das Gericht I. Instanz Beschluß.

#### §. 121.

Erachtet das Gericht das Gesuch für unbegründet, so weiset es dasselbe zurück, wogegen binnen zehn Tagen das Recht der Beschwerde bei dem Obergericht stattfindet.

§. 122.

Im entgegengesetzten Falle tritt eine Voruntersuchung ein, in welcher die neuen Beweise aufgenommen und die Zeugen vereidet werden müssen. Nach dem Schluß und erfolgter Erklärung des Staats-Anwalts, weiset das Gericht das Restitutionsgesuch zurück, wenn die Unerheblichkeit der neuen Beweise klar erhellt. Andrerseits tritt unter Aufhebung des ersten Erkenntnisses ein neues mündliches Verfahren ein, in der Form, als hätte noch keines stattgehabt.

§. 123.

Kann jedoch in dem Falle des §. 118. 1. derjenige, welcher die Fälschung oder den Meineid begangen haben soll, noch belangt werden, so muß das angeblich von ihm verübte Verbrechen durch eine gegen ihn zu veranlassende gerichtliche Untersuchung erst rechtskräftig festgestellt werden, bevor dem Restitutionsgesuche stattgegeben werden kann.

## Titel VII.
### Verfahren bei Rekursgesuchen.

§. 124.

Gegen die Erkenntnisse der Gerichte des §. 1. findet das Rechtsmittel des Rekurses statt, sowohl wegen unrichtiger Entscheidung der That- und Rechtsfrage, als wegen verletzter wesentlicher Förmlichkeiten des Verfahrens, und zwar mit der Wirkung des §. 117.

§. 125.

Dasselbe ist innerhalb zehn Tagen nach Verkündigung des Erkenntnisses bei dem Gericht I. Instanz schriftlich oder mündlich zu Protokoll anzubringen und wird dem Gegner zur Erklärung binnen zehn Tagen mitgetheilt.

§. 126.

Nach Eingang der Erklärung oder Ablauf der Frist sendet das Gericht I. Instanz die Akten dem kollegialischen Untergericht seines oder des von dem Justiz-Minister zu bestimmenden benachbarten Bezirkes, zur Entscheidung in der Sache selbst durch Bestätigung oder Abänderung des Erkenntnisses I. Instanz.

§. 127.

Ist in dem Rekursgesuche auf mündliches Verfahren nicht angetragen und hält das Gericht auch eine Beweisaufnahme nicht für erforderlich, so erkennt es ohne Zuziehung der Partheien. In andern

Fällen tritt mündliche Verhandlung und Entscheidung nach den Formen des Tit. II. ein. Der Staats-Anwalt wird hierbei durch den bei dem erkennenden Gericht angestellten Staats-Anwalt vertreten. Das Gericht ist befugt, die in I. Instanz geschehene Beweisaufnahme ganz oder theilweise vor sich wiederholen zu lassen.

## Titel VIII.
### Allgemeine Schlußbestimmungen.

**§. 128.**

Der Staats-Anwalt kann jedes Rechtsmittel, sowohl Behufs Schärfung, als Milderung des Erkenntnisses einlegen. Der Angeklagte nur Behufs der Milderung.

**§. 129.**

Bei allen Beschlüssen und Erkenntnissen der Gerichte entscheidet die Stimmenmehrheit, bei Stimmengleichheit gilt die mildere Ansicht.

**§. 130.**

Das in den §§. 577. bis 587. der Kriminal-Ordnung vorgeschriebene Kontumazial-Verfahren gegen flüchtige und abwesende Verbrecher findet auch ferner Anwendung.

**§. 131.**

Mit der Verurtheilung des Angeklagten zu einer Strafe ist zugleich die Verurtheilung desselben in alle Kosten des Verfahrens auszusprechen. Wird dagegen der Angeklagte für nicht schuldig erklärt, so hat derselbe die Kosten des Verfahrens nicht zu tragen.

Die Kosten eines ohne Erfolg eingelegten Rechtsmittels fallen demjenigen zur Last, welcher dasselbe eingelegt hat. Ist dies der Staats-Anwalt, so werden die Kosten niedergeschlagen.

Eine Erstattung aufgewendeter außergerichtlicher Kosten findet nicht statt.

**§. 132.**

Verlangt der Angeklagte eine Ausfertigung des Urtheils, so ist ihm diese, wenn das Urtheil auf Strafe lautet, auf seine Kosten, sonst aber kostenfrei zu ertheilen. Unvermögenden Verurtheilten ist die Mittheilung einer Urtheils-Ausfertigung nicht zu versagen, wenn sie derselben zur Einlegung eines Rechtsmittels bedürfen.

**§. 133.**

Die Geschwornen erhalten, wenn sie nicht am Orte des Gerichts wohnen, für jede angefangene Meile der Hinreise 6 Sgr. Entschädigung, und ebensoviel für die Rückreise aus der Salarienkasse des erkennenden Gerichts. Der Angeklagte ersetzt diese Kosten auch im Fall seiner Verurtheilung nicht. Eine weitere Entschädigung erhalten die Geschwornen nicht.

§. 134.

In Bezug auf den ersten, zweiten, dritten Holzdiebstahl und die Beleidigungen von Privatpersonen, auch wenn sie durch die Presse geschehen, wird durch gegenwärtiges Gesetz in dem bisherigen Verfahren nichts geändert.

§. 135.

Die Vorschriften der Kabinets-Ordre vom 24. Oktober 1838 (Gesetz-Sammlung S. 504.) über die Befugnisse des Richters zur Aufrechthaltung der Ruhe und Ordnung bei gerichtlichen Verhandlungen kommen auch bei dem in dem gegenwärtigen Gesetze angeangeordneten Strafverfahren mit der Maaßgabe zur Anwendung, daß die nach Nr. 5. jener Ordre den Gerichts-Deputationen im Civil-Prozesse zustehende Befugniß, gegen Ruhestörer sofort eine Ordnungsstrafe von einem bis zu fünf Thalern, oder von 6- bis zu 24stündigem Gefängniß zu beschließen und vollstrecken zu lassen auch den Gerichten und Gerichts-Abtheilungen beim Strafverfahren zustehen soll.

§. 136.

Soweit die bisher gültigen Vorschriften über das Verfahren in Untersuchungssachen durch gegenwärtiges Gesetz nicht geändert sind, verbleibt es bei denselben.

Titel IX.

## Transitorische Bestimmungen.

§. 137.

Das gegenwärtige Gesetz tritt mit dem           in Kraft. Alle alsdann noch anhängige Sachen, in denen die Untersuchung erster Instanz beim Eintritt dieses Zeitpunktes bereits geschlossen ist, sollen nach den bisherigen Vorschriften durch alle nach denselben zulässigen Instanzen zu Ende geführt werden. In den übrigen anhängigen Untersuchungen ist das Verfahren nach den Vorschriften des gegenwärtigen Gesetzes umzuleiten.

### §. 138.

Die Wahlen der Geschwornen und die Bildung deren Abtheilungen sind sofort von Unsern Ministern des Innern und der Justiz anzuordnen. Die ersten Wahlen gelten nur bis zum Ablauf des nächsten Monats nach dem, in welchem die Wahl der Gemeinderäthe nach der neuen Gemeinde-Ordnung erfolgt sein wird.

### §. 139.

Im Fall die neue Gemeinde-Ordnung bei Verkündung dieses Gesetzes noch nicht in Kraft ist, geschieht bis dahin die Wahl der auf die allgemeine Liste zu bringenden Geschwornen von denjenigen Gemeindemitgliedern, welche nach den bisherigen Städte-Ordnungen und Gemeinde-Verfassungen zur Wahl der Stadtverordneten, Gemeindevertreter, oder wo solche fehlen, zur Stimme in Gemeindeangelegenheiten berechtigt sind, soweit sie nicht in Folge rechtskräftigen richterlichen Urtheils der staatsbürgerlichen Rechte ganz oder theilweise entbehren.

# Motive

zu

dem Entwurf eines Gesetzes über das Verfahren in Untersuchungssachen mit Geschwornengerichten.

---

Eine durchgreifende neue Organisation der gerichtlichen Behörden in den sieben östlichen Provinzen, namentlich wenn sie der der Rheinprovinz sich annähern soll, ist ohne gleichzeitigen Erlaß einer neuen Gerichts-, Kriminal-, Vormundschafts-, Hypotheken- und Depositalordnung nicht ausführbar. Es erhellt hieraus, daß diese Organisation, selbst wenn sie von der jetzigen Versammlung vorgenommen werden sollte, noch sehr weitaussehend ist. Ein Strafverfahren mit Mündlichkeit, Oeffentlichkeit und Geschwornen ist dagegen für die Theile der Monarchie, welche es noch nicht besitzen, so bringend, daß es auf so lange nicht ausgesetzt werden darf. Hiervon ausgehend, ist der vorgelegte Entwurf eines solchen Verfahrens so gefaßt, daß er sofort, und mit der jetzigen Organisation der gerichtlichen Behörden ausgeführt werden kann. Dabei sind jene großen Prinzipien darin nirgends verletzt oder beschränkt, und das Verfahren ist so biegsam gehalten, daß es sich einer späteren neuen Organisation der Gerichte mit Leichtigkeit wird anschließen können. Auf die Rheinprovinz ist der Entwurf nicht ausgedehnt, da diese das Institut bereits besitzt und eine völlige Gleichstellung im Verfahren für alle Provinzen vor der Organisation der Gerichte nicht möglich ist.

In Bezug auf das Verfahren erster Instanz schließt sich der Entwurf im Allgemeinen vollständig an das bekannte Gesetz vom 17. Juni 1846 für das Kammergericht und Kriminalgericht zu Berlin an. Dies Verfahren ist dem am Rhein geltenden genau nachgebildet, es hat sich bereits als vollständig ausführbar und zweckmäßig bewährt, und die Provinzen haben schon auf dem ersten vereinigten Landtage und sonst die Ausdehnung dieses Gesetzes allgemein beantragt. Es sind deshalb die Bestimmungen dieses Gesetzes meistens wörtlich beibehalten worden und erhebliche Aenderungen nur da aufgenommen, wo die Praxis in Berlin sie als bringend herausgestellt hat, wie z. B. die Zulassung eines Vertheidigers in der Voruntersuchung. Aus gleichen Gründen ist die Dreitheilung der strafbaren Handlungen und die darauf beruhende verschiedene Kompetenz der Gerichte aus diesem Gesetze beibehalten worden. In Bezug auf die Polizeivergehen sind dagegen die Bestimmungen dieses Gesetzes nicht aufgenommen worden, da sie in den Provinzen ohne eine durchgreifende neue Organisation der Polizeibehörden nicht ausführbar und dabei auch nicht so bringend sind.

Die wesentlichste Aenderung des Gesetzes vom **17. Juni 1846** wurde durch Aufnahme der Geschwornen-Gerichte nothwendig. Eine Folge davon war der Wegfall der Appellations- und Revisionsinstanz, die schon bei dem bisherigen Verfahren sich nicht bewährt haben, und die Einführung einer Nichtigkeitsbeschwerde, analog der Kassation am Rhein, und eine Ausdehnung des Rechtsmittels der Restitution.

Bei den Geschwornen sind zwei Punkte die wichtigsten:

1) die Bildung des Geschwornen-Gerichts und
2) die Frage: welche Verbrechen demselben unterworfen sein sollen.

Bei dem ersten Punkte bedarf es keiner Ausführung, daß das Prinzip des Census und der Kapazitäten, wie es in Frankreich, in Belgien und am Rhein besteht, jetzt nicht mehr zulässig ist; ebensowenig der Einfluß eines Regierungsbeamten auf die Bildung der Spezialisten. Das Prinzip der Wahl durch den Sheriff in England, oder durch den Gemeinderath in Amerika, insbesondere das letztere, ist unstreitig besser; indessen sind beide dem demokratischen Prinzip noch nicht entsprechend genug; auch hat das letztere den Uebelstand, daß der Gemeinderath seine eigenen Mitglieder nicht wohl wählen kann und daß so leicht die fähigsten Personen dem Dienst der Geschwornen entzogen bleiben.

Die Wahlmänner des April für Berlin und Frankfurt zur Bildung der Geschwornen-Listen zu benutzen, wie von der Verfassungs-Kommission und, soviel bekannt geworden, in einem früheren Regierungsentwurfe beabsichtigt ist, erscheint völlig unzulässig, da das Mandat dieser Personen ein ganz anderes ist und der Fortschritt der politischen Entwickelung und Bildung das Vertrauen in diese Wahlmänner vielfach erschüttert hat.

Nach dem Entwurf gehen die allgemeinen Listen der Geschwornen aus der Gemeinde hervor, und zwar durch direkte Wahl aller überhaupt in Gemeindesachen wahlberechtigten Gemeindemitglieder. Die Gemeinde ist die natürlichste Basis dieses Instituts; sie war es schon in den ältesten Zeiten germanischer Freiheit für ähnliche Institute. Für die Wählbarkeit ist keine andere Beschränkung aufgestellt, als die natürliche des Lesens und Schreibens und des Alters von 30 Jahren. Da die Wähler bald erkennen werden, daß es sich hier um keinen politischen Akt handelt, daß ihr eigenes Interesse die Wahl der redlichsten und befähigtsten Personen erfordert, so kann auch von dem Aengstlichsten diesem Prinzip völlig vertraut werden. Die Bestimmung der Geschwornen für die einzelne Sache geht nach dem Entwurf aus der allgemeinen Liste, lediglich durch das Loos hervor, eine geringe Ausnahme abgerechnet. Die auf dem Vertrauen der Gemeinde beruhende Wahl der Geschwornen darf, wenn dieses Prinzip in seiner hohen Bedeutung und Reinheit erhalten werden soll, nirgends mehr der Sichtung eines Beamten oder einer Körperschaft unterliegen.

Dieser vollen Freiheit sind als Gegengewicht mehrere Institute gegenübergestellt, welche sich größtentheils schon in andern Ländern bewährt haben. Dahin gehört das unbedingte Ablehnungsrecht in §. 66., das bedingte Ablehnungsrecht in §. 67., das einstimmige Veto der Richter gegen ein Schuldig der Geschwornen, §. 87[b]., die schärfere Ausscheidung des Rechtspunktes aus der Entscheidung der Geschwornen, §. 81., und die Bildung einer Spezial-Geschwornenliste aus sachverständigen und vorzugsweise umsichtigen Männern für besonders weitläufige Untersuchungen oder Verbrechen, welche besondere Sachkenntniß erfordern.

Es ist mit Sicherheit zu erwarten, daß diese Garantien genügen werden, alle für den einzelnen Fall aus der unbeschränkten Wahl und dem Loose möglicherweise hervorgehenden Gefahren zu beseitigen.

Der zweite Hauptpunkt, die Kompetenz des Geschwornen-Gerichts, ist bekanntlich am Rhein und in Frankreich, und selbst in England und Amerika noch in sehr enge Grenzen eingeschränkt. Die korrektionellen Gerichte Frankreichs und am Rhein erkennen ohne Geschworene bis zu 5 Jahre Gefängniß und auf Geldstrafe ohne Beschränkung Es ist eine Hauptaufgabe der neueren Zeit, das Volksgericht über diese engen Grenzen hinaus, auszudehnen. Bei den geringeren Verbrechen der thätlichen Widersetzlichkeit gegen Abgeordnete der Obrigkeit, der Beschädigung von Eigenthum aus Rache oder Muthwillen, bei der Selbsthülfe, den körperlichen Verletzungen, den kulposen Vergehen u. s. w. ist es nicht minder dringend, daß den rein menschlichen Rücksichten und Milderungsgründen ein Eingang durch das Geschwornen-Gericht bereitet werde. Ohnedem werden die Vorzüge des Geschwornen-Gerichts ein Privilegium nur des schwersten Verbrechens, nur der moralisch am tiefsten stehenden Klasse, während der Ehrenmann, der durch Leidenschaft oder Unachtsamkeit einmal dem Gericht verfallen ist, dieser Wohlthat entbehren muß. Das Institut auf die politischen oder Preßvergehen zu beschränken, hat überdem das Gefährliche, daß die Wahl der Geschwornen dann völlig in den Kampfplatz der politischen Partheien gezogen wird. Eine Beschrankung auf die schweren Verbrechen hätte zur Folge, daß in vielen Kreisen das Geschwornen-Gericht kaum ein bis zweimal des Jahres in Thätigkeit käme. Diese Gründe, im Verein mit der nothwendigen Konsequenz des demokratischen Prinzips fordern unabweisbar eine Ausdehnung des Geschwornen-Gerichts über die politischen und schweren Verbrechen hinaus. Dann wird aber schwerlich sich eine bessere und natürlichere Grenze bei unserer jetzigen materiellen Strafgesetzgebung finden lassen, als die im Entwurf vorgeschlagene. Man hat dem bisher auch nur die praktische Unausführbarkeit entgegengestellt. In dem Entwurfe ist versucht worden, diese Aufgabe zu lösen, ohne Unausführbares zu verlangen. Nach dem Entwurf werden alle strafbare Handlungen, die mit mehr als 6 Wochen Gefängniß oder **50 Thlr.** Geldbuße im Gesetz bedroht sind, mit Geschwornen entschieden. Dieses große Resultat wird durch mehrere ineinander greifende Einrichtungen erreicht, ohne das der Einzelne gewählte Geschworne in der Regel mehr als 3 Vormittage im Jahre dem Geschwornen-Dienst zu widmen genöthigt ist und ohne daß die Geschwornen zu größeren Reisen als 2—3 Meilen von ihrem Wohnort gezwungen sind.

Das erste Mittel hierzu ist die Wahl einer großen Zahl von Geschwornen; eines auf 150 Seelen. Dabei ist zu erwarten, daß nach diesem Verhältniß selbst in den östlichen Theilen der Monarchie, sich die genügende Zahl geeigneter Geschwornen überall finden wird.

Ein weiteres Mittel ist die Vertheilung der Geschwornen in Abtheilungen durch das Loos; es wird damit erreicht, daß möglichst jeder der gewählten Geschwornen trotz der Bestimmung durch das

Loos zum Dienste kommt. Ein weiteres Mittel ist die Einführung bloßer Terminstage für die Verhandlungen mit Geschwornen, in Stelle der mehreren Wochen dauernden Assisen am Rhein. Dieser Ausweg dient zugleich wesentlich zur Beschleunigung der Sachen. Es wird dadurch kein Angeklagter genöthigt, Monate lang auf die Assisen im Gefängniß zu warten.

Ein ferneres Mittel ist die Beschränkung der Zahl der Geschwornen auf 6, bei Verbrechen, die nur mit Geld oder mit höchstens 3 Jahre Freiheitsstrafe bedroht sind.

Man wird vielleicht einwenden, daß die Feierlichkeit, die Bedeutsamkeit des Geschwornen-Gerichts durch diesen häufigen Gebrauch desselben im verkleinerten Maaßstabe leiden werde; daß diese Vorschläge in der Ausführung zu kostspielig, endlich daß dadurch dem Gericht die Zeit zu seinen andern Geschäften zu sehr entzogen werde. Allein so wie die Würde und Achtung der Gerichte nicht dadurch leidet, daß die Zahl der eintretenden Richter bei kleineren Gegenständen beschränkt ist; so wie hier die Beschaffenheit der Sache dies nothwendig und natürlich erscheinen läßt, so ist ein Gleiches auch bei dem Geschwornen-Gericht zu erwarten. Die mündlichen Verhandlungen in Berlin sind gleich feierlich und würdevoll, mag das Gericht aus 3, 6 oder 8 Richtern bestehen.

Uebrigens sind die meisten Sachen dieser Kategorien einfach, so daß 6 Geschworne eine vollkommen genügende Garantie für Staat und Angeklagten bilden. Die politischen und Preß-Vergehen bleiben dabei nach dem Entwurf dem größeren Geschwornen-Gerichte von 12 Personen vorbehalten.

Was den Kostenpunkt anlangt, so ist zunächst das Prinzip festgehalten, daß die Geschwornen keine Diäten, sondern nur Reisekosten erhalten und auch diese so niedrig, daß sie nur für den weniger bemittelten Theil der Bevölkerung hinreichen, denn der Wohlhabende kann den geringen Mehraufwand mit Leichtigkeit selbst tragen.

Die Hoheit des Berufs der Geschwornen verbietet jede Bezahlung. Das in §. 53. dem Unbemittelten gestattete Ablehnungsrecht wird dabei alle möglichen Härten beseitigen.

Nach den bisherigen Erfahrungen beträgt die jährliche Durchschnittszahl der Verbrechen in einem landräthlichen Kreise ohngefähr 200. Bei den korrektionellen Gerichten am Rhein und Berlin werden 6—8 Sachen dieser Art in einem Tage verhandelt und entschieden. Man nehme nun das Aeußerste an, daß durch den Hinzutritt des Geschwornen-Gerichts die Verhandlung noch einmal so lange dauere, so werden nach dem Verfahren des Entwurfs 3—4 Sachen an einem Tage erlediget werden können. Dies giebt, mit Hinzunehmen der schweren Verbrechen, höchstens 70 Terminstage für das Jahr. 12 Geschworne sind zu jedem nöthig (nur selten 24.). Davon werden im Durchschnitt höchstens 9 von Auswärts sein und deshalb Reisekosten erhalten. Die Entfernung wird bei den bisherigen kleineren Bezirken der Gerichte höchstens zu 1¼ Meile durchschnittlich angenommen werden können; dies giebt 3 Meilen für Hin- und Rückreise; also 18 Silbergroschen Reisekosten für einen Geschwornen; für 9 Geschworne mithin 5 Thlr. 12 Sgr. und auf 70 Terminstage zusammen 370 Thlr. Mit Rücksicht darauf, daß mitunter schwere Verbrechen zur Untersuchung kommen, kann die jährliche Ausgabe für die Geschwornen auf den Kreis höchstens zu 450 Thaler angenommen werden, was, wenn man ein Obergericht im Durchschnitt zu 14 Kreisen annimmt, eine Summe von 6300 Thaler ergiebt. Diese Ausgabe wird aber vollständig gedeckt durch den Wegfall der Kriminal-Senate der Obergerichte, deren Kosten an Gehalt der Richter, Subalternen ꝛc. mindestens 15,000 Thaler für jedes jährlich betragen. Es erhellt hieraus, daß diese Ersparniß nicht allein zur Deckung der Reisekosten der Geschwornen, sondern auch zur Deckung der Gehalte der Staats-Anwalte und zur Vermehrung des Personals bei dem Geheimen Obertribunal hinreichen und der Staat mit größeren Ausgaben als die jetzigen durch den Vorschlag nicht belastet wird.

Aus der vorstehenden Berechnung erhellt, daß auch die Geschäfte bei den Gerichten nicht sehr erheblich steigen werden. Allerdings werden die mündlichen Verhandlungen mit den Geschwornen dem Gerichte mehr Zeit kosten, als die jetzige Methode der Entscheidung; allein einmal ersparen die Gerichte dafür einen großen Theil des bisherigen mühsamen Inquirirens und Dekretirens und dann sind im Civilverfahren und sonst so manche Vereinfachungen eingetreten, daß man von dem Diensteifer der Gerichte erwarten kann, sie werden diesen Zuwachs an Arbeit sehr wohl mit den bisherigen Kräften zu bestreiten wissen.

Aus der obigen Berechnung ergiebt sich endlich, daß auch der Dienst als Geschworne den Einzelnen durchaus nicht übermäßig treffen wird. Nimmt man die Bevölkerung eines landräthlichen Kreises im Durchschnitt zu 45,000 Seelen, so werden 300 Geschworne gewählt; 70 Terminstage kommen vor, zu jedem sind 12 Geschwornr nöthig; dies erfordert 840 Geschworne, also kommt der einzelne höchstens drei Mal an die Reihe, und selbst bei den ungleichsten Schwankungen des Looses wird keiner über 6 Mal im Jahre einen Vormittag diesem Geschäft zu widmen haben. In Berlin kommen jährlich 2000 Verbrechen und 100 schwere Verbrechen vor; sie erfordern nach dem obigen ohngefähr 800 Terminstage, oder mit andern Worten, drei Deputationen des Gerichts, welche 5—6 Mal die Woche Sitzungen halten. Geschworne sind dazu nöthig ohngefähr 10,000, die Bevölkerung mit Einschluß der einbezirkten Dörfer beträgt 450,000, was 3000 Geschworne ergiebt. Mithin wird auch in Berlin der Geschworne durchschnittlich kaum vier Mal des Jahres in Dienst kommen.

Was die Rechtsmittel anlangt, so folgt aus der Natur des Geschwornen-Gerichts, daß eine zweite Instanz über die Thatfrage nicht zugelassen werden kann. Die Festhaltung dieses Prinzips erscheint auch nach den Erfahrungen in Berlin ungefährlich; die mündliche Verhandlungsart führt von selbst zu einer weit erschöpfendern Benutzung aller vorhandenen Beweismittel schon in der ersten Instanz; die neuen Beweismittel, die in Berlin seit 1846 in der zweiten Instanz vorgebracht worden sind, waren mit seltenen Ausnahmen entweder ganz unerheblich oder bestochene Zeugen. Für außerordentliche Fälle genügt das Rechtsmittel der Restitution in der erweiterten Art des Entwurfs gegen das Gesetz vom 17. Juli 1846. Es ist deshalb neben diesem Rechtsmittel der Restitution nur das der Nichtigkeitsbeschwerde zugelassen worden, analog dem Rechtsmittel der Kassation am Rhein. Seinem wesentlichen Zwecke gemäß mußte die Entscheidung einem Gerichtshofe für die ganze Monarchie zugewiesen werden, und diese Entscheidung mußte von einer materiellen Entscheidung des einzelnen Falles getrennt gehalten werden. Theils dadurch, theils durch die strengere Form der Schriften und die Einfachheit des Verfahrens wird es dem Geh. Obertribunal möglich sein, mit zwei Deputationen zu sieben Mitgliedern alle Rechtsmittel dieser Art aus den sieben Provinzen mit Schnelligkeit zu entscheiden. Der §. 117. wird hier wesentlich dazu beitragen, frivole Rechtsmittel abzuhalten.

Das Rechtsmittel der Restitution ist in der Form beibehalten, wie sie das Gesetz vom 17. Juni 1846 enthält; nur eine Ausdehnung zu Gunsten des Beweises der gänzlichen Unschuld ist aufgenommen; sie war bereits von der Wissenschaft und Praxis als nothwendig anerkannt.

Gegen die Erkenntnisse der Einzelrichter ist statt der Nichtigkeitsbeschwerde ein Rekurs gestattet, der sich von ihr dadurch unterscheidet, daß das Erkenntniß zweiter Instanz nicht von dem obersten Gerichtshof, sondern von dem kollegialischen Untergerichte des Bezirks abgefaßt wird, daß es ein materielles Erkenntniß ist und daß das Rechtsmittel auch in Bezug auf die Thatfrage gestattet ist. Da in diesen Sachen nur ein Richter erkennt, wo Versehen und Irrthümer auch bei der Thatfrage leichter vorkommen können, da diese Sachen einfach aber sehr zahlreich sind, so werden hieraus obige Bestimmungen sich genügend rechtfertigen.

Die einzelnen Bestimmungen des Entwurfs werden, wenn die Grundzüge desselben auf Billigung rechnen können, keiner weitern Motivirung bedürfen. Das meiste ist aus der Erfahrung anderer Länder, wo es sich bewährt hat, entnommen und das eigenthümlich Neue läßt seine Gründe leicht erkennen.

Die sofortige Ausführung des Gesetzes wird auch in den vielleicht beschränkten Lokalitäten vieler Gerichte kein Hinderniß finden. Lokale für öffentliche Sitzungen sind schon in Folge des Civil-Prozeßgesetzes von 1846 überall vorhanden, und sollten sie auch beschränkt sein, so ist es besser, diese, so wie sie sind, sofort zu benutzen, das Publikum, so weit es möglich ist, zuzulassen, als deßhalb das ganze Verfahren auszusetzen. Auch läßt sich erwarten, daß die Gemeinde-Behörden die Gerichte gern mit ihren Lokalen zum Gebrauch für mündliche Verhandlungen unterstützen werden.

If you have any concerns about our products,
you can contact us on
**ProductSafety@springernature.com**

In case Publisher is established outside the EU,
the EU authorized representative is:
**Springer Nature Customer Service Center GmbH
Europaplatz 3, 69115 Heidelberg, Germany**

Printed by Libri Plureos GmbH
in Hamburg, Germany